遇见未来最好的自己

自救高手

麦田　编著

山东教育出版社

图书在版编目(CIP)数据

自救高手 / 麦田编著. — 济南 : 山东教育出版社,
2020. 4
(遇见未来最好的自己)
ISBN 978-7-5328-9925-8

Ⅰ. ①自… Ⅱ. ①麦… Ⅲ. ①自救互救 - 儿童读物
Ⅳ. ①X4-49

中国版本图书馆 CIP 数据核字(2017)第 213947 号

ZIJIU GAOSHOU
自救高手
麦 田 编著

主 管：山东出版传媒股份有限公司
出版者：山东教育出版社
(济南市纬一路 321 号 邮编：250001)
电 话：(0531) 82092664 传真：(0531) 82092625
网 址：sjs.com.cn
发行者：山东教育出版社
印 刷：肥城新华印刷有限公司
版 次：2020 年 4 月第 1 版 2020 年 4 月第 1 次印刷
规 格：880 mm × 1230 mm 32 开本
印 张：4
字 数：50 千字
印 数：1-5000
定 价：20.00 元

(如印装质量有问题，请与印刷厂联系调换)
电话：0538-3460929

前言

你还是那个摔倒后，哭着找妈妈的娇宝宝吗？“当然不是啦！”这一定是你的回答。可你是不是还会摔倒呢？就在迟疑的这一刻，你其实已经给出了答案。我们不知道在未来的某一刻，是否会被路上的一块石头绊倒，是否会被利器划破手指。当你发现脚扭伤了无法行走，当你看到伤口流出血时，你会怎么做呢？

生活就是这样，总是充满了意外。不必害怕这些意外，因为生活原本就不是“计划”好的。如果一切都在你的预料之中，那还有什么惊喜可言呢？所以让我们享受不时会发生的意外惊喜，也为意外的危险情况准备好应对之策，成为一名“自救高手”吧。

虽然一本书不足以让你应对所有问题，但这些宝贵的经验能帮助你成为一个遇事冷静、独立自信的人。

119

自救!

CONTENTS

目录

CONTENTS

手指割破了怎么办

乐乐开始学画画了。他从小就对美术很感兴趣，平时总爱涂涂画画。美术老师也夸奖乐乐有天分，所以爸爸妈妈决定让他去辅导班专门学习。

乐乐学得很认真，每天做完作业后，都要复习一下辅导班学习的内容，做一些绘画练习。这一天，乐乐准备练习素描，可家里削好的铅笔用完了，爸爸妈妈又不在家。于是他拿起小刀自己削铅笔，一不留神，把手割破了。看着流出来的血，乐乐有些害怕。他该怎样处理伤口呢？

TIPS

手指割破了，我们应该怎样处理呢？下面一起来学习一下吧！

生活中，有许多尖利的物品容易对双手造成伤害，如剪刀、小刀、玻璃片、碎瓷片等，甚至书本的纸张边缘、放风筝时绷紧的风筝线，也有可能划破手指。所以接触这些物品时，要特别小心。

手指割破了，应该如何处理伤口？

①立刻用另一只手压住受伤手指根部的两侧血管止血，避免流血过多。②用清水、肥皂水或消毒药水清洗伤口，以防细菌残留导致感染。③在伤口处涂上消毒、止血的药膏，用干净的纱布包扎起来。④伤口较深或被生锈物品割伤时，应到医院进行消毒、缝合、包扎等。

家长要提醒孩子，处理好伤口后，记得及时换药，避免弄湿伤口，注意保持伤口处卫生，才能尽快恢复。

请你给下面的五幅图排一下顺序，在圆圈里写上序号。

脸被划伤了怎么办

吉吉不仅爱玩好动，还有着很强的组织能力。只要是他的提议，总有一大帮小朋友响应。

“我们今天要玩一个丛林特种兵游戏！”吉吉神气地说。

不过上哪儿去找丛林呢？吉吉看了看周围的环境，只有路边的几丛丁香树可以充当“丛林”了。

虽然这些并不是很高的丁香树遮挡不住孩子们的身体，但这丝毫不影响他们游戏的兴奋心情。忽然，嘉嘉惊叫了一声“哎呀”，原来她的脸被一根小树枝划伤了。

TIPS

爱玩是小朋友的天性，可是一不小心就可能被尖锐的东西划伤。如果脸部被划伤了，你知道该怎样处理吗？

脸是身体的重要组成部分，脸上有眼、耳、口、鼻等重要器官。和别人交往，给人第一印象的往往是脸部，所以保护好脸部非常重要。

脸部被划伤了应该怎样处理？

①立刻用清水冲洗伤口，避免感染。②如果伤口四周红肿，可拿干净的湿毛巾或在毛巾里包裹冰块冷敷，消肿后再抹上防感染的药膏。③如果伤口较大或较深，应该立刻去医院缝合、处理。

伤口未结痂时，家长应告诉孩子尽量不要用手触碰伤口或使伤口沾水；伤口结痂时，也不要因为伤口发痒或觉得不好看，就用手去抠。手上有很多细菌，抠伤口会把细菌带入，导致伤口发炎、流血，影响愈合。

请你说一说，下面哪位小朋友的做法是错误的？

脚扭伤了怎么办

“我们一定要在这次运动会上取得好成绩，让全校都看到我们班的实力！”运动会前夕，班长给大家打气道。

大家都很赞同班长的话，都想在运动会上取得好成绩，于是按照约定的时间来操场训练。

“哎呀，李立跌倒了！”一个同学喊起来。大家都跑过来，关心地围着李立。

“我扭到脚了！”李立疼得直咧嘴。

看着李立强忍着泪水，大家都很想帮助他。大家该怎么做呢？

TIPS

孩子们在跑跳时很容易扭伤脚，应正确处理，否则可能因韧带松弛造成反复扭伤。

踝关节扭伤是最高发的运动损伤，约占所有运动损伤的40%。扭伤时，局部会关节肿胀、疼痛，严重的还会造成骨折。

不小心扭伤了脚怎么办？

①不要勉强站起来，更不要随意走动，这样会使扭伤部位的伤情加重，应使受伤肢体保持固定。②用毛巾或冰袋冷敷受伤部位(48小时内)，这样会使受伤部位的血管收缩，令红肿部位尽快消肿。之后可改为热敷。③没有消肿前尽量不要让伤脚着地，有条件的要保持受伤脚抬高(高于心脏)。④严重时应尽快就医。

家长应告诉孩子保护好自己的双脚，选择大小适中、舒适的鞋子，女孩不要穿高跟鞋。要在平坦的地面行走，不要选择坑洼不平的地方。运动时佩戴合适的护具，熟练掌握运动要领，避免扭伤脚。

下图中小朋友的脚扭伤了，请你判断一下他们的处理方法是否正确。

胳膊脱臼了怎么办

奥运会期间，同学之间多了很多体育运动方面的话题。

“我最喜欢体操了，能在单双杠上翻飞跳跃，真是太帅啦！”说这话的是楠楠。和其他同学比起来，楠楠的单杠动作的确做得非常好。

本来就热爱单杠运动的楠楠，最近更是对这项运动格外热情。每到课间或周末，他总要抓着单杠做几下。可是今天，楠楠或许太兴奋了，一不留神，竟然脱手掉了下来，最糟糕的是——他的胳膊脱臼了！

你能告诉楠楠这时候应该怎么办吗？

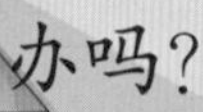

TIPS

胳膊脱臼是关节错位的表现，如果处理不当，会影响关节功能。

脱臼也就是关节脱位，是指构成关节的上下两个骨端失去了正常的位置，发生错位。脱臼多为暴力作用所致，肩、肘、下颌及手指关节最易发生脱位。

胳膊脱臼怎么办?

①不要试图将脱臼的部位复位，更不要盲目活动脱臼的部位，这样只会加剧疼痛。②尽快用冰块或湿毛巾冷敷。③寻求家长或老师的帮助，到医院将关节复位。如果时间拖久了，周围的组织肿胀，会导致复位困难。

孩子脱臼，必须尽快到医院就诊。在送医院过程中，家长要确保孩子的受伤部位固定在他感觉舒适的位置，不要乱动，避免造成更严重的伤害。

胳膊脱臼了，下面哪些小朋友的做法是正确的？

RESCUE

鼻子进了异物怎么办

琼琼是个女孩子，她的胆子很大，敢做很多男孩子都不敢做的事。昨天，琼琼就和一个男孩一起从高台上跳了下来，那个男孩还扭伤了脚。为此，妈妈罚她三天不准出去玩儿。

琼琼一个人待在家里，她可没办法安安静静地和那些毛绒玩具玩儿。于是她找来一块泡沫，撕成碎屑吹着玩儿。

琼琼开心地旋转着，笑着，跳着，不料一个小小的碎屑被她吸入了鼻子，好难受呀！

这时候，琼琼该怎么办呢？

TIPS

鼻子进了异物真不舒服，鼻子堵塞，呼吸不畅。鼻子有异物进入的时候该怎么办呢？

鼻子进了异物怎么办？

①不要试图用手指伸进鼻孔，这有可能把异物推进鼻腔深处，即使抠出异物，指甲也有可能伤到鼻子内壁。②可以用手按住没有异物的鼻孔，用嘴深吸一大口气（切勿用鼻子吸气），然后用有异物的鼻孔使劲儿出气，这样反复几次，有可能把异物喷出来。③如果异物进入鼻孔比较深，应该马上去医院请医生帮忙。

家长应该让孩子了解鼻子的作用，如鼻子是用来呼吸、闻气味的，对于吸入的空气，有过滤、清洁、加温、加湿等作用。

家长做动作，让孩子判断哪种做法是正确的，哪种做法是错误的。

A.用手指挖鼻孔　　B.双手大拇指插进鼻孔做鬼脸
C.拿出卫生纸擦鼻涕　　D.将卫生纸团成球塞进鼻孔里

下图哪位小朋友的做法是错误的？

RESCUE

耳朵进水了怎么办

放暑假了，萌萌跟着爸爸妈妈去海边度假。她第一次看见了大海，也第一次在海里游了泳。下海之前，爸爸妈妈一再嘱咐萌萌，不要让耳朵进水。

这个下午玩得太开心了，而且萌萌没有把海水弄到耳朵里。回到宾馆后，萌萌到浴室洗了个澡。她一边洗，一边愉快地哼着歌，一不注意，洗澡水进了耳朵了。

“哎呀，我的耳朵进水了！”萌萌觉得很不舒服，“该怎么办呢？”

如果你知道该怎么办，快来帮帮萌萌吧。

TIPS

洗澡或游泳时不注意，就可能把水弄进耳朵里，这时应该采取什么措施呢?

一般情况下，耳朵进点水不用太过紧张，进去的水可自行排出。如果耳朵进水较多，或者耳内耵聍(即俗称的“耳屎”)较多，进水后耵聍膨胀，压迫鼓膜，产生耳胀耳闷的感觉，这时就需要处理一下了。

耳朵进水了怎么办?

①把干净的棉棒慢慢地伸进外耳道里，让棉棒吸收干净外耳道里的水。②把头侧向进水的耳侧，使进水的耳朵朝向地面，然后单脚蹦跳，借助重力作用让水顺着耳道流出来。③如果耳朵感觉到疼痛，或者可以听到水声，应立即去医院就诊。

家长问问孩子，耳屎较多时是怎样处理的，会用火柴棒、发夹或手挖耳朵吗? 告诉孩子不可以自己挖耳朵，应到医院找专业耳科医生处理。

你要向下面的哪位小朋友学习呢？

食物中毒了怎么办

出门前,小虎郑重其事地对洋洋说:“为了感谢你给我辅导功课,今天我请你去小吃一条街好好地吃一顿!”说完就拉着洋洋一个摊位一个摊位地吃过去。

“我饱了。”

“哈哈,你虽然成绩比我好,但是食量不如我!”

“你也少吃点儿,别吃坏了肚子。”

没想到真让洋洋说中了,当天晚上,小虎就上吐下泻,出现了食物中毒的症状。这可怎么办呢?

TIPS

什么是食物中毒？我们应该采取哪些必要的措施？

食物中毒是指患者所吃食物被细菌或细菌毒素污染，或食物中含有毒素而引起的急性中毒性疾病。

食物中毒应该怎么办？

①尽量将吃的东西吐出来，避免毒素被进一步吸收。②尽可能多喝开水或淡盐水，促进新陈代谢，使有毒物质尽快从体内排出。③如果出现发烧、呕吐等比较严重的食物中毒症状，应立即去医院就诊。④建议用塑料袋包好呕吐物，带到医院，方便医生尽快确诊。

家长先让孩子说一说，饮食卫生要注意哪些方面，然后进行补充，如过期食物不能吃，半生不熟的食物不能吃等。吃了不干净的食物会导致腹泻、呕吐，甚至引发肠胃炎等疾病。

下图中小朋友的做法正确吗？

RESCUE

鼻子流血了怎么办

丁丁被刚刚发生的事情吓坏了，自己怎么突然流鼻血了呢？之前，他只见过有人因为撞到鼻子而流血。

今天是周六，丁丁和然然一起制作军舰模型，这可是他们忙了将近一个月的成果呀！眼看着就要完成了，两个人压抑着兴奋的心情，认真地做着最后的工作。忽然，一滴血掉在了模型上。

“哎呀，你的鼻子流血了！”然然吃惊地叫起来。

遇到这样的情况，你知道该怎么办吗？

TIPS

很多人遇到鼻子流血的情况，会不知所措，下面的方法能帮助你尽快脱离困境哦！

鼻子流血的主要原因有鼻腔炎症、鼻部外伤、鼻黏膜干燥致毛细血管破裂、鼻腔肿瘤等。

鼻子流血了怎么办？

①不能把头向后仰，否则血液可能流进消化道或呛入呼吸道。②用冰毛巾冷敷鼻部，起到收缩毛细血管止血的作用。③头部保持正常竖直，用手指在鼻翼上稍施加压力 5~10 分钟。④如果流血不止，在鼻孔里塞进一些消毒的纱布条，赶快去医院就诊。

家长应告诉孩子，平时要避免揉搓鼻子、挖鼻孔。还要注意饮食，少吃辛辣的食物，多吃蔬菜、水果。调节室内空气湿度，以防空气干燥引起鼻腔血管破裂出血。

哪位小朋友止鼻血的方法是正确的？说说看。

擦伤膝盖怎么办

几个小伙伴一起玩跳绳，皮皮提议道："我们来比赛谁跳得多吧。"

比赛总是能让游戏变得更刺激，于是大家轮流跳起来。第一轮过后，皮皮跳得最多，皮皮得意地说："哈哈，我是第一名！"

"这算什么呀！谁敢跟我比试摇一次绳跳两下？"一个陌生的男孩一边说，一边拿着跳绳跳起来。

虽然皮皮从来没有这么跳过，但他还是不服气地说："比就比！"说着他就照着那个男孩的样子跳起来，结果一下被绳子绊倒，膝盖都出血了。

TIPS

和同学奔跑玩耍时，免不了会擦伤膝盖。这时候，你知道该如何处理吗？

膝关节由股骨内、外侧髁，胫骨内、外侧髁以及髌骨构成，是人体最大且构造最复杂、损伤概率较大的关节。它的重要作用就是使双腿屈伸自如。

擦伤膝盖怎么办？

①用生理盐水冲洗伤口沾染物，以免感染。②用医用棉棒在伤口处涂碘伏或酒精，消毒杀菌。切忌用两种或两种以上不同药物同时涂抹(如碘酒和红药水)，避免药物之间产生毒副作用。③用消毒纱布覆盖伤口，用胶布固定。④如果身边没有生理盐水、纱布和药物，应用自来水将伤口冲洗干净。⑤如果伤口较大、较深，或伤口沾染了铁锈等污染物，应及时去医院治疗。

如何保护好膝关节？

①注意走路姿势，避免长时间蹲着。②体育锻炼时，要做好热身准备，让膝关节充分活动开。③天气寒冷时，要注意保暖，防止膝关节受凉。

小明受伤了，请你看一下他处理伤口的方法对不对。

骨折了怎么办

小虎欢呼道:“这里的空气太好了!”

“不只是空气好,我看你是喜欢这里足够大,能让你肆无忌惮地上蹿下跳吧!”洋洋笑眯眯地说。

“嘿嘿,还是你了解我!快看,那棵树真粗呀!”不等洋洋再说什么,小虎已经朝着那棵树跑过去了。

“洋洋,你看我爬得多高呀!”

“这样太危险了……”洋洋的话还没有说完,小虎脚下一滑,就从树上掉了下来!

赶过来的老师看到痛苦不堪的小虎说:“你可能是骨折了。”

TIPS

骨折一定要处理好，否则会留下后遗症。一旦骨折了，应该怎样处理呢？

骨折是指由于外伤或病变，骨头折断、变成碎块或发生裂纹，多见于儿童及老年人。如果能够及时、恰当地处理，多数病人都能恢复，少数人则会留下不同程度的后遗症。

骨折了怎么办？①原地不动，不要盲目活动受伤部位，更不要揉捏。②送医前进行简单处理，就地取材，用硬木板将骨折部位固定，再用带子绑好。木板要长出骨折部位上下两个关节（如果没有木板，可用树枝或擀面杖、报纸卷等物品代替）。③求助于老师或家长，把自己送到医院做正规的治疗。

儿童正处于生长发育阶段，骨骼组织和成人不同，骨折时会出现不完全骨折状态，所以在刚受伤时，不一定不能走路。为了了解受伤的具体情况，家长最好带孩子去医院拍片。家长要注意，在孩子说疼时，不要以为孩子只是在撒娇，而忽视了伤情的严重性，耽误治疗。

聪聪的小腿骨折了，他应该如何自救呢？

被重物砸到怎么办

豆豆的叔叔是一位魔术师。星期天，他带着豆豆去剧院参观。尽管他一再叮嘱豆豆，不要在后台乱逛，因为那里摆放着很多道具，很容易磕碰到，但是豆豆实在控制不住对魔术道具的好奇，趁着叔叔工作的时候，一个人悄悄地溜到了后台。

豆豆发现几个摞在一起的箱子上面，摆放着可以变出好多小动物的神奇的盒子。为什么盒子能装下那么多小动物呢？豆豆伸手去够，想把盒子拿下来好好研究一下。可是他没拿稳，盒子掉下来，砸到了他的脚，好疼！

TIPS

我们在家里玩耍时，如果不小心被重物砸到了，应该怎么办呢？

被重物砸到了怎么办？

①要小心地把压在身上的重物挪走，以免重物压坏身体。②不要迅速站起来，应该坐在原地，试着活动腿脚，看看腿脚是否被重物砸伤。③如果腿脚不能动或是砸伤流血，要立刻请他人帮忙拨打120急救电话。

家长要注意，如果孩子的头部被重物砸到，首先要警惕是否可能造成颅脑损伤或颈椎损伤。家长应尽快带孩子到医院做相关检查，以免延误了最佳治疗的时机。

家长要注意，如果孩子的脚被砸伤了，即便没有骨折，在前几天也切忌用热水给孩子洗脚。否则会导致伤处肿胀更加严重，疼痛也会加剧。

遇到下面的情况，你会怎么做呢？

RESCUE

失足掉进水里怎么办

小贾家附近有一条河，枯水期的时候，水并不深，小贾经常和小伙伴们在河边嬉戏。不过到了汛期，这条河的水位会猛涨。每到这时候，家长总是叮嘱孩子们不要到河边玩耍，更不要下河游泳。

这一天，已经好久没到河边玩耍的小贾终于忍不住，约上几个伙伴去了河边。他们也知道下水很危险，只是在河边玩玩。可是当小贾爬到河边的一棵树上时，一不留神，竟然掉了下来，正好掉进湍急的河水中。

这可怎么办呢？

TIPS

外出玩耍时，如果伙伴或自己失足掉进水里，该怎么办呢？

发现伙伴掉进水里怎么办？

①不要试图拉伙伴上来，如果你没有足够的力气，自己有可能被拉下水。②告诉伙伴试着把头浮出水面。③如果周围有人，立刻大声呼救，如果周围没人，尽快找来长竹竿等适合救生的器材让伙伴抓住，也可以打电话报警。

自己掉进水里怎么办？

①不要使劲儿挣扎，以免身体下沉。②甩掉身上较重的东西。③感觉身体上浮后，尽可能保持仰位，露出口鼻后就可以呼吸了。之后可以大声呼救。④不要死死地抱住营救者不放，要尽量放松，否则会连累营救者。

家长应告诉孩子溺水的危险性，不要让孩子到沟渠、湖泊附近玩耍，也不要把孩子独自一人留在水边。

下面小朋友的落水自救方法正确吗？说说看。

从秋千上摔下来怎么办

熟悉琪琪和嘉嘉的人都知道，她们俩是好朋友。两个人都有长长的睫毛，大大的眼睛。平时，她们还喜欢穿一样的衣服。每次有人问："你们俩是双胞胎吗？"她们总是相视一笑，异口同声地回答："对！"

这不，今天两个人一起玩时，明明有两架空着的秋千，她们却要坐在同一架上，结果秋千荡起来了，左右摇晃。没掌握好平衡的两个人，一下子都摔倒在地上。

你知道从秋千上摔下来该怎么办吗？

TIPS

荡秋千是一件非常轻松惬意的事情，如果不慎从秋千上摔落，应该怎样处理呢？

荡秋千时一定要抓紧、坐稳，不要荡得太高、太快，不要站或跪着荡，尽量一个人坐在秋千上，以免被甩出去受伤。

从秋千上摔下来该怎么办？

①如果只是摔疼了，可站起来慢慢活动。②如果没有伤到头部，但四肢疼痛剧烈，可在原地试探着活动一下四肢，看是否有哪个部位骨折了，或有扭伤、挫伤。③如果伤到头部，有头晕、恶心的症状，可能是轻微脑震荡，此时不要立刻站起来，要赶快请人拨打120急救电话。

在孩子玩秋千之前，家长首先要检查一下秋千的链条或绳索是否牢固，秋千椅上是否有钉子之类的硬物。在孩子荡秋千时，家长千万不要走开，以免秋千的链条或绳索缠绕，或者孩子从秋千上摔下来。

下面图中，哪位小朋友的做法是正确的？为什么？

RESCUE

感冒了怎么办

炎炎和吉吉约好放学后一起去踢球,可是炎炎一副无精打采的样子,跑起来也比平时慢很多。吉吉问:“你怎么这么不在状态呀?”

炎炎无奈地说:“我也不知道怎么了,感觉浑身没劲儿,身上还有点儿酸痛。”话音未落,炎炎就一连打了好几个喷嚏,鼻涕也流出来了。

吉吉赶快掏出纸巾递过去,关切地问道:“你是不是感冒了?我还是送你回家吧!”于是吉吉把炎炎送回家。这时还没到下班时间,炎炎的爸爸妈妈都不在。这可怎么办呢?

TIPS

感冒虽是小病，但也影响身体健康和心情，需要认真对待。感冒时应该怎么做呢？

感冒的常见症状有打喷嚏、流鼻涕、鼻塞、头晕、乏力、困倦、咽喉疼痛、咳嗽、肌肉酸痛、食欲减退等，胃肠型感冒还会出现腹痛、腹泻等症状。

感冒了怎么办？

①去医院看病，遵医嘱按时吃药。②根据自身情况适当增减衣物。③注意休息，多喝温水，保持室内空气流通。④使用自己的碗筷、水杯、毛巾等物品，以免传染给他人。

如何预防感冒？

①勤开窗通风，让空气流通。②多喝水、多运动，增强抵抗力，提高身体免疫力。③保持良好的心态，根据气温变化增减衣物。④少到人群密集的场所，避免飞沫传播引发感冒等疾病。

你会向下图中的哪位小朋友学习？为什么？

翻车时怎么办

一进门，宁宁就对妈妈说："妈妈，我明天去郊游，记得早点叫我起床呀！"上床前，宁宁还特地把闹钟调早，并一再确认后才睡觉。

"哈哈，看来出去郊游，大家都很激动，一个比一个来得早。"第二天早上，看到已经先到了一大片的同学，宁宁愉快地和大家打招呼。

老师和同学们上了大客车后，有说有笑，还唱起了欢快的歌。在一个转弯处，迎面驶来一辆超速行驶的汽车，大客车司机急忙躲避，可是这个弯拐得太急了，大客车侧翻了！

危急时刻，同学们应该如何自救呢？

TIPS

出门游玩是件很愉快的事情，但是如果发生事故，比如翻车了，我们该怎么办呢？

翻车时怎么办？

①上车后，先系好安全带。②事故发生时，不要惊慌，牢牢抓住车内比较坚固的地方，尽量避免在车中滚动，以防撞伤。③等车子不再滚动时，应迅速查看车门是否可以打开，如果可以打开，马上逃到车外。④如果车门打不开，用救生锤或其他坚硬的物体凿碎车窗爬出来，然后打电话报警。

家长带着孩子长途旅行时，尽量选择火车，火车相对于汽车、飞机而言，是最安全的交通工具。

家长应告诉孩子一些交通安全常识，如走过街天桥，过马路时不打闹，乘坐汽车要养成系安全带的习惯等。家长平时可以针对具体情况多叮嘱。

下面哪位小朋友的做法是值得你学习的？

RESCUE

化学品溅到眼睛里怎么办

隔壁李叔叔家正在装修，苏苏不小心把一袋白色粉末状的东西碰翻了，一点粉末飞到了苏苏眼睛里。苏苏抓起桌子上的一瓶矿泉水，打开盖就要冲眼睛。说时迟，那时快，李叔叔一把从苏苏手里抢下矿泉水。只听旁边的工人说："好险啊！那可是生石灰呀！"

原来生石灰遇水会发生剧烈的化学反应，并释放出热量，会灼伤眼睛。这时候绝对不能揉眼，更不能用水冲！

生活中，还会遇到哪些化学品溅到眼睛里的情况呢？

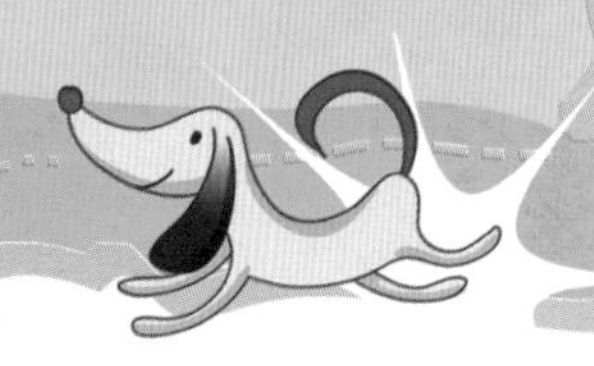

TIPS

生活中还有哪些伤害眼睛的不当行为？化学品溅到眼睛里时，应该如何处理呢？

化学品一旦进入眼睛里，会对眼睛造成很大伤害，甚至可能导致失明。遇到这种情况，一般都要去医院。情况严重时，就医前最好做一些必要的处理。化学品的成分不同，处理方法也不同。

化学品溅到眼睛里怎么办？

①任何化学品进入眼睛里，都不要用手揉。有些化学品，比如生石灰，绝对不能直接用水冲洗，应用棉签将生石灰粉拨干净，再用大量清水冲洗15分钟以上，然后去医院就诊。②酸或碱性物质溅入眼睛，最好能用安全的酸或碱性溶液中和冲洗，然后去医院就诊。

家长应嘱咐孩子远离化学品。一旦化学品进入眼睛，情况紧急时，不必苛求中和剂，可以冲洗的化学品应立即用大量清水先行冲洗，然后送医。冲洗时要分开上下眼睑，不断转动眼球。

找找看，哪位小朋友的做法是错误的？为什么？

掉进冰窟窿怎么办

冬天的湖面结了厚厚的冰。很多人在湖面上滑冰，甚至还有汽车从上面开过去呢！齐齐和小伙伴经常到湖面玩儿，他们滑冰、拉冰爬犁，真是有趣呀！虽然这里的冬天非常寒冷，但是对于孩子们来说充满了乐趣。

寒假快结束了，齐齐想约伙伴们再去湖面玩一次。今年的春天来得有点儿早，已经不那么冷了。齐齐兴奋地跑到湖面上，用力向前滑去。只听冰面“咔嚓”一声裂开了，齐齐掉进了冰窟窿！

这时候，齐齐应该怎么办呢？

TIPS

小朋友们不要自行到结冰的湖面上玩耍，很危险。如果掉进冰窟窿里，该怎样自救呢？

掉进冰窟窿里该如何自救呢？

①保持镇定，将头露出水面，大声呼救。②选择相对较厚的冰面，用手扶住冰层往上爬。③从冰窟窿里爬出来后，应降低重心，以爬行或滚动的方式上岸，以防冰面再次破裂。④上岸后，尽快找一个温暖的地方换下湿衣服，避免着凉、感冒或冻伤。

小朋友们发现有人遇险，不可贸然施救，应高声呼喊成年人相助。救人时应趴在冰面上，将木棍、绳索等扔给落水者，防止营救时因冰面破裂而使自己落水。

家长要告诫孩子，要在大人的陪同下去冰上玩儿。大人也要考虑当地的具体情况，气温是否足够低，冰层是否足够厚。如有地热，或工厂排热废水的地方，即便是寒冬，冰面也是很脆弱的。

如果你遇到这样的危险，你会怎么做呢？

洪水来了怎么办

最近一段时间，江水涨得很厉害，据说已经过了警戒线。整个城市的共同话题就是抗洪抢险。可是有些同学不以为然："不就是不能去江边了，有什么了不起的！"

"大家有安定如常的生活，是因为很多人奋战在抗洪抢险的第一线！"老师讲完这句话后，礼堂的灯熄灭了，荧幕上开始播放一部关于洪水的纪录片。洪水真可怕，瞬间就淹没了农田，冲毁了房屋，很多人无家可归。

假如我们面临洪水威胁，应该怎么办呢？

TIPS

洪水犹如猛兽。洪水到来时，我们应该采取什么逃生办法呢？

洪水是自然灾害的一种，是指由于暴雨、急剧融冰化雪、风暴潮等自然因素引起的江河湖泊水量迅速增加，或者水位迅猛上涨的一种自然现象。

洪水来了怎么办？

①迅速朝地势较高的地方转移，也可以爬到较高的树上，或结实的房顶上，等待救援。②逃生时要多搜集一些食物及发信号的物品，如手电筒、口哨或颜色鲜艳的床单等。③如果你在房间内，来不及转移，可以用厚被子堵住窗户和门的缝隙，防止洪水大量、快速地涌进室内。④如果水灾严重，屋内水位不断上涨，应迅速找门板、大块的泡沫塑料等能漂浮的材料，扎成筏子逃生。

家长可以给孩子适当补充一些其他自然灾害现象的应对知识，如地震、海啸、冰雹等。

想一想，洪水来临时，你还有哪些逃生办法呢？

RESCUE

身体卡在栏杆里怎么办

“小新，这么快就做完作业了？你是不是没检查呀？”妈妈也太认真了吧，一心想出去踢球的小新，哪里还有心情检查作业呀！

没办法，小新只好乖乖地回到书桌旁，强忍住急切的心情，开始检查起来。唉，果然错了三道题！小新迅速改正过来就出门了。

为了尽快到达足球场，小新来到距离足球场最近的栏杆前，左右看看没人，就探身钻进了栏杆缝里。不好！小新的身体被卡住了！这可怎么办呢？

TIPS

有时候因为淘气或是想抄近路，孩子们会去钻栏杆，如果不慎卡在栏杆中间出不来，该怎么办呢？

钻栏杆是不文明的举止，易引发事故。一旦被栏杆卡住，如果解救不及时，可能弄伤身体，严重的可导致死亡。

身体被栏杆卡住，出不来怎么办？

①不要强行往外钻，这样会将身体弄伤。②试着慢慢挪动身体，看能不能从钻进来的那一面退回去。③如果身边有伙伴，赶快叫伙伴通知家长或老师。④如果身边无人，要大声呼救，附近的人听到后会来帮助你。⑤身边的人无法解决时，可以报警求助。

家长可以给孩子讲一讲为了走捷径而钻栏杆，最后致使身体卡进栏杆里受伤的新闻事件，让孩子谈一谈自己的感受。

下面哪位小朋友的做法是错误的？错在哪里？

肚子疼时怎么办

“天气太热了！不如去我家看漫画书吧！”大汗淋漓的岳岳对南南说。

这个主意不错，吹着空调，看着最新的漫画书，再来杯饮料，想想都惬意。于是两个人一起回到了岳岳家。

“妈妈出去买菜了，那就由我亲自来招待你喽！”岳岳调皮地眨了眨眼。两个人喝着冰凉的饮料，看着漫画，可没过多一会儿，岳岳的肚子就疼起来。

“你是不是凉饮料喝多了？快找点药吃吧！”看到岳岳痛苦的表情，南南也非常着急。

你知道肚子疼时，该怎么办吗？

TIPS

肚子疼不是小问题。肚子疼的原因有很多种，千万不要掉以轻心。

人体腹腔里的胃、肠、肝、胆等器官有时会发出疼痛信号，提示我们身体出现了消化不良、食物中毒、肠炎、胃炎、胆结石、阑尾炎之类的疾病，从而引起肚子疼。

肚子疼时怎么办？

①如果只是饮食不恰当引起的肚子疼，可以在家长的指导下吃一些有助于消化或治疗腹泻的药物，症状很快就会减轻。②如果不能确定是哪里疼痛，或者不知道是什么原因导致肚子疼，不要随便吃药，要立刻告诉老师、家长，或直接去医院检查，以免延误治疗时间。

岔气又称运动岔气或运动急性胸肋痛，是指在体育运动中，特别是在跑步时胸肋部产生的疼痛。其多发生在右下肋部，运动停止后自然消失。

仔细想一想，你要向哪位小朋友学习？

被摩托车撞倒了怎么办

李彦做事总是毛手毛脚，遇到事情也慌慌张张的，家长和老师不知道给他提过多少次意见。

有一次，李彦过马路时没注意看信号灯，差点被车撞到。要不是好朋友敏敏及时拉住他，真不敢想象会发生什么事情。从那以后，李彦开始注意改正自己的缺点。现在已经很少再听到老师、家长和同学对他提这方面的意见了。

可是没想到，今天独自走在路上的李彦，被一个喝醉酒骑摩托车的叔叔给撞倒了。这时候，李彦该怎么办呢？

TIPS

交通肇事逃逸会产生严重后果，做事情要敢作敢当，勇于承担责任。

被摩托车撞倒了怎么办？

①事故发生时，尽量用手护住头部，防止摔出脑震荡。②试着活动四肢，看看是否有脱臼和骨折的现象。如果有，应该立即停止活动，以免病情加剧。③如果被撞得很严重，应该让肇事者带你去医院检查，或拨打120急救电话，请专业医生治疗，并及时打电话给家人。

肇事就是引起事故，闹事。肇事逃逸指在交通事故发生后，当事人为逃避责任而故意逃离现场，不向公安机关报案的一种违法行为。

交通肇事者逃逸，会导致伤者得不到及时救治，甚至死亡，给伤者家属带来极大的痛苦。肇事逃逸不仅是对伤者生命的不尊重，更加重了自己的罪责，会受到社会的谴责和法律的制裁。

你想对下图中的小朋友说些什么?

RESCUE

嗓子不舒服怎么办

“学校这次举办的才艺表演,我们班派谁去独唱呢?”老师的话音刚落,就有好几个同学抢着说:“当然是派柔柔去了!”“就是,就是,只能是柔柔!”

柔柔唱歌好听是出了名的,同学们一致推举她参加全校才艺表演。可是在准备表演的这段时间里,柔柔感冒了。她的嗓子很疼,就连说话都困难,更别提唱歌了!柔柔心里很难过,如果不能参加表演,不是辜负了老师和同学们的一片心意吗?

你知道怎样才能帮助柔柔尽快治好嗓子吗?

TIPS

嗓子不舒服时，就连喝水都觉得疼痛，应该怎样处理呢？

嗓子不舒服时，少吃过冷、过热、辛辣的食物；不能吃油炸、肥腻的食物；容易上火的食物尽量不吃，如花生、瓜子等。

嗓子不舒服怎么办？

①请家长带自己去医院就诊，查明病因后，对症治疗。②不吃过硬、过干或有刺激性的食物，否则可能会加重病情。③不要大声喊叫，否则有可能损坏声带。④多喝水，少说话，适当含一些利咽的儿童含片。

家长要从以下几点教育孩子保护嗓子：自然发声，除特殊情况外，不要大喊大叫；不要在噪声大、空气污染严重的环境下说话或唱歌；多喝水，少吃过冷、过热或其他刺激性的食物；作息规律，保证充足睡眠。

说一说，哪位小朋友的做法是正确的，哪位小朋友的做法是错误的。

中暑了怎么办

“天太热了，我们还是别踢球了。”宁宁对喜子说。

“一瞧你就是缺乏锻炼！天再热，也不如我的运动热情热！”喜子一副搞怪的表情，拍了拍自己的胸脯。

拗不过喜子的宁宁，只好去踢球了。可是没过一会儿，宁宁看起来就有些不对劲儿了。他汗如雨下，脸色苍白。喜子急忙说：“我们先休息一下吧！”

两个人坐下后，宁宁虚弱地说：“我头疼，全身没劲，还有点儿恶心。”

喜子担心地说：“你是中暑了吧？”

此时的他们，应该怎么做呢？

TIPS

夏天天气炎热，一些体质稍弱的小朋友容易中暑。中暑时应该如何自救呢？

中暑是指在高温环境下，人体体温调节功能紊乱，引起以中枢神经系统和循环系统障碍为主要表现的急性疾病。中暑主要是由高温、烈日暴晒造成的，有时人群拥挤或产热高、散热困难，也会诱发中暑。

中暑了怎么办？

①如果在户外玩耍，要立即停止活动，脱去多余的衣服，到阴凉处休息。②如果在室内，可以开窗通风，喝一些淡盐水，注意休息。③可以用湿毛巾擦洗身体降温，还可以适量服用人丹、藿香正气水等中成药。④症状严重者应立即送医院救治，以免延误治疗。

夏季高温，应该保持皮肤清洁，注意室内通风。衣着要宽松舒适，养成勤洗澡的好习惯。

请你判断一下，下面小朋友中暑后的做法是否正确。

沙子飞进眼睛里怎么办

下课后，小雨凑到好朋友亮亮身边，神秘地说："星期六，我们去江边放风筝吧！"

"看来你终于得到期盼已久的风筝了！"亮亮笑着说。

星期六果然是个好天气，阳光明媚，还有阵阵微风。小雨和亮亮一起来到江边，奔跑欢笑着放风筝。看着两只漂亮的风筝随风飞舞，小雨的心也仿佛飞上了蓝天。忽然，一粒小沙子被风吹进了小雨的眼睛里。

小雨该怎么处理呢？

TIPS

如果有沙子或其他微小异物进入眼睛里，应该怎么处理呢？

眼睛是人体最重要的感觉器官之一，是获得知识和图像的重要渠道，我们平时读书写字、欣赏风景、观看节目等都离不开眼睛。眼睛还能辨别不同的颜色。

沙子或其他异物进入眼睛时，应该怎么办呢？

①不要用力揉眼睛，否则可能会伤到眼角膜。②微小的异物一般会很快被泪水冲走。③可以滴眼药水，然后不停地眨眼睛，促使小沙子随着眼药水和眼泪流出来。④不要让小朋友帮忙翻眼皮，可以找家长帮忙。

家长应告诫孩子不要用脏手揉眼睛，平时坚持做眼保健操，预防眼睛疲劳。看书、看电视的时间也不宜过长，最好每隔半小时就看一看窗外的树木、远处的风景等，让眼睛休息一下。

下图中,哪位小朋友的做法是正确的?

被埋在废墟里怎么办

最近一段时间，莹莹和小伙伴们迷上了寻宝游戏。“这里的地形太‘一目了然’了，想藏个宝贝都没地方。”一个小伙伴说道。

“不如我们去那座旧楼里玩儿吧！那里就等着拆了，肯定没人！”莹莹提议道。

大家跑到一座陈旧的老房子里玩起了寻宝游戏。那里虽然很破旧，但的确没人打扰。玩得正高兴时，他们所在位置的天花板突然坍塌，几个小伙伴被埋在了废墟里。

这时候，莹莹和小伙伴们该怎么办呢？

TIPS

玩耍时一定要选对地点，危险的地方不要去。如果你被埋在废墟里，你会怎么做？

不要在建筑工地、废弃枯井、废旧房屋或仓库、深水边、结冰的湖面、高压电线旁、天台这一类地方玩耍，也不要在车流量大的马路上玩耍。

被埋在废墟里怎么办？

①树立求生信心，不要惊慌，更不要大哭大叫，尽量保存体力，等待搜救人员。②如果有人经过，要使出全身力气大声呼救。③想办法敲击物体发出声响，或向有光的地方移动。④如果被埋得不是很深，可以用手挖土，争取早点爬出来。

家长可以问问孩子，被埋在废墟下时如何保持镇定，并告诉孩子，人在危难时刻的求生意志很重要，要让孩子拥有一颗坚强、勇敢的心。

被埋在废墟下,你还知道哪些自救的方法?说说看吧。

RESCUE

药物过敏了怎么办

下午放学时，突然下起大雨。梓潼冒着大雨往家跑，等他到家时，浑身上下已经湿透了。梓潼迅速擦干身上的雨水，换了件干衣服，可是喷嚏竟然停不下来，额头也有些发烫了。

梓潼打开药箱，找到感冒药吃了下去。过了好半天，症状还是不见缓解，于是他又找出另外一种感冒药吃了下去。可是没过多久，梓潼的脸就红肿起来，还特别痒！这是药物过敏了！

遇到这种情况，你能帮帮梓潼吗？

TIPS

药物过敏不是小事情，轻微的过敏会出现皮肤异常症状，严重时会有生命危险。药物过敏时，我们应该怎么做呢？

药物过敏也称药物变态反应，是由药物引起的过敏反应，是一类非正常的免疫反应。它常常表现为皮肤潮红发痒、心悸、皮疹、呼吸困难，甚至可能导致死亡。

药物过敏时怎么办？

①停用一切可疑的致敏药物。②如果身上发痒，不要乱挠，挠破皮肤会引起感染。③实在痒得厉害，可以涂点炉甘石洗剂。④尽快去医院检查，按医生处方服药。⑤卧床休息，注意饮食清淡有营养，保持环境温度适宜。

家长平时要多叮嘱孩子，身体不舒服第一时间通知家长或老师，不要乱吃药。家长还要将乱吃药、吃错药的严重后果告诉孩子，提高他们的自我保护意识。

下面小朋友的做法正确吗？为什么？

有人触电了怎么办

青青家买了一台新电脑。青青总是想着好朋友小可，邀请小可去她家一起玩电脑。

今天，青青又邀请小可去她家了。做完作业后，两个人欢天喜地地玩起电脑来，可是正玩得起劲儿的时候，电脑突然断电了，这可把小可急坏了！

电脑怎么突然断电了呢？情急之下，小可伸手就去摸电源插头，没想到一下子触电了！

一旁的青青吓坏了，此时她应该采取什么措施呢？

TIPS

触电是非常危险的。如果你身边的人触电了，应该采取什么急救措施呢？

触电是指一定量的电流或电能通过人体，引起的一种全身性和局部性损伤。常发生于直接接触电源，高压电场下作业及被雷电击伤后，可造成组织毁损，严重可伴有肝、肾等重要脏器的功能损害，甚至截肢或死亡。

身边有人触电了怎么办？

①不要拉触电者，这样会使自己也触电。应立刻关闭电源。②如果找不到电源，要立刻寻求大人的帮助。③拨打120急救电话，把触电伤员送到医院治疗。

家长平时要多检查家中插座、电器的安全性，杜绝触电隐患。家长也可以给孩子出几道题，让孩子判断对错，增强防范意识。例如：用手摸垂下的电线，用剪刀剪开电线等。

小可触电了，如果你是青青，你应该怎么做呢？

RESCUE

洗澡时滑倒了怎么办

小峦和小奕是双胞胎,也是一对淘气包。他们俩长得太像了,为此还闹出不少笑话呢!很小的时候,妈妈给他们洗澡,先洗了一个,又洗了一个。洗完后,小峦笑着说:"妈妈,小奕洗了两遍,我还没洗呢!"从那以后,妈妈干脆让他们同时进浴缸洗澡了。

这对淘气包,即便是洗澡,也不会安安静静的。他们在浴缸里打水仗,从浴缸里一直闹到浴室门口,结果小奕一不小心滑倒了。

你知道小奕应该怎么办吗?

TIPS

卫生间的地面湿滑，一不小心就有滑倒的可能。如果你洗澡时滑倒了，该怎么办?

洗澡时滑倒了怎么办?

①先确认自己是否有头晕现象，是否伤到头部。如果有，应呼叫身边的人帮忙。如果没有，扶墙慢慢站起。②在瘀血部位抹上治疗跌打损伤的药物。③如果身上很疼，不要轻举妄动，可能存在扭伤或骨折现象。这时逞强站起来，会加重病情。

防滑拖鞋的鞋底带有纹路，可以增大摩擦力，从而起到防滑的作用。浴室里铺上防滑地毯，也可有效防滑。

除了浴室的地面，学校卫生间的地面、下过雨的光滑地砖路面，也很容易滑倒。家长要提醒孩子不要在这些地方打闹，以免滑倒受伤。

说说看，你遇到下面的情况会怎么做呢？

从楼梯上摔下来怎么办

“你们知道吗？我搬新家了，家里还有楼梯呢！”小虎兴奋地对同学们说。

“这有什么奇怪的，没有楼梯还叫楼吗？”“就是，我们学校也有楼梯呀！”

小虎解释道：“我说的是屋里！”小虎家最近买了新房，是复式格局，屋里也有楼梯，这让小虎格外兴奋。

放学回家，小虎就楼上楼下地跑起来。结果一不留神，从楼梯上摔了下来，把大人们吓坏了。

从楼梯上摔下来应该怎么办呢？

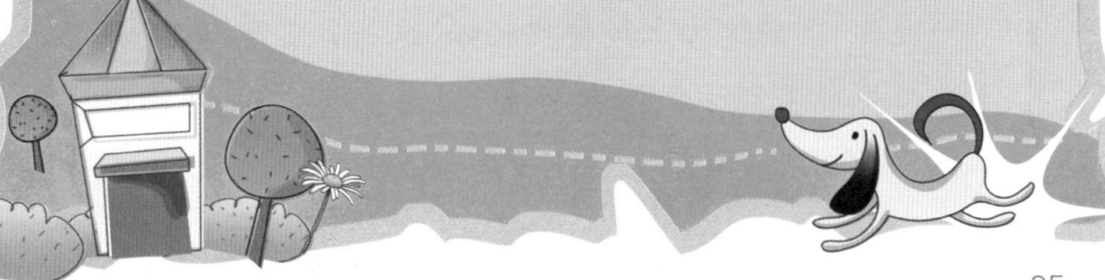

TIPS

淘气的你是不是也喜欢在楼梯上跑跳呢？如果不小心摔下楼梯，应该怎么办呢？

上下楼梯时不要乱跑乱跳，要手扶护栏，一个台阶一个台阶地走；不要打闹推挤，要相互礼让，从右侧通行；不能把楼梯扶手当滑梯，这样很危险。

从楼梯上摔下来怎么办？

①尝试活动一下各个部位的关节，看看是否有骨折或脱臼的情况。②如果骨折或脱臼，要待在原地不动，大声呼救，或者拨打120急救电话。③如果只是出现瘀青，可以慢慢站起来，在瘀青部位涂抹一些治疗跌打损伤的药物。④恢复期注意休息，不要剧烈运动。

通过“下楼梯比上楼梯要轻松”这一日常生活现象，家长可以教育孩子做人要有志气，要勇敢拼搏，迎难而上，只有不懈努力，才能取得成功。

下面哪位小朋友的做法是正确的呢？

晕车、晕船怎么办

“哈哈，暑假我就能看到大海啦！”斑斑兴奋地和同学们谈论着假期计划。暑假里，爸爸妈妈要带斑斑去一个海滨城市游玩，还要乘船去一个海岛住上几天。

暑假到了，斑斑来到海边，远远地看到停在码头的轮船，兴奋得不得了。上船后，斑斑立刻要求妈妈带他到甲板上看一看。船开了，在大海中匀速前进，船身随着风浪上下起伏。一开始，斑斑还觉得很刺激，很好玩儿，可是不一会儿，他就难受起来。他晕船了。

这可怎么办呢？

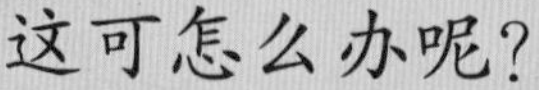

TIPS

许多人都有晕车、晕船的经历，不过晕车、晕船是有办法预防和缓解的，你知道吗？

晕车、晕船、晕机等，被统称为晕动病，是汽车、轮船、飞机等运动时产生颠簸、摇摆、旋转等加速运动，刺激人的前庭神经而发生的疾病。晕动病和遗传因素有关，还受视觉、个体体质、精神状态、客观环境（如空气异味）等影响。

晕车、晕船怎么办？

①尽量坐在靠窗户的位置，眼睛避免长时间看窗外的景色，最好能闭目养神。②不要坐在船舱里，呼吸新鲜的空气可以减轻晕船症状。③上车或上船前，吃一些缓解晕车或晕船的药物，以减轻身体不适。

每天加强体育锻炼，坚持做下蹲、转头和弯腰等动作，以增加前庭器官的耐受性。此外，乘车、乘船时尽量限制头部运动，并减少不良的视觉刺激，如看窗外风景、低头看书等，这样可以有效防止晕动病发生。

下图中，小朋友的做法正确吗？为什么？

RESCUE

中途下车玩耍，没来得及上车怎么办

一大早，小航就兴奋地来到教室，对他的几个好朋友大声宣布：“这个暑假，妈妈要带我坐火车去外地玩！”

第一次坐火车的小航别提多兴奋了，好奇地在车上跑来跑去。一次停车的时候，小航竟然趁妈妈没注意，下车跑到站台上去玩儿了。隔着车窗的小航还兴奋地对妈妈挥手！就在这时，火车开动了！

这可怎么办呢？

TIPS

火车到站停车时，到站台上休息、活动筋骨要注意开车时间，否则有可能来不及上车。

火车票是铁路运输合同的基本凭证，上面有车次、开车时间、始发站、终点站、座位号、座位等级、票价等信息。

如果中途下车玩耍，没来得及上车怎么办？

①不要惊慌和哭闹，不要追着火车跑。②和铁路工作人员说明情况，请他们给爸爸妈妈打电话。③不要乱跑，在车站工作人员那里等爸爸妈妈来接。

家长可教孩子查看火车票上的信息，尤其是发车时间和发车地点。乘车时要保管好自己的火车票及行李物品，把贵重东西放在身上，以防小偷行窃。

遇到这种情况，你会怎么做呢？

电影院着火了怎么办

“妈妈，快点儿！电影马上开始了！”乐乐找到座位，对着妈妈招手。

电影院的灯暗下去了，电影开始了。乐乐被精彩的电影吸引，不时开怀大笑。忽然，他闻到一股刺鼻的气味，好像是什么东西被烧着了。

“着火了！”人群中忽然传来一声惊呼。

乐乐急忙站起身，想看看到底是怎么回事。可是观众席已经乱起来，大家纷纷往门口拥去。此时，烟雾越来越浓，乐乐吓坏了！

这时候，乐乐应该怎么办呢？

TIPS

着火了很危险，尤其火灾发生在不熟悉的地方时，你该如何自救呢？

电影院着火了怎么办？

①留意安全出口和疏散楼梯的位置，一旦发生火灾，要走安全出口，不可乘坐电梯。如果有家长陪同，尽量不要与家长走散。②弯腰保持躯干部位在1米以下，尽量减少浓烟的吸入，保持镇静，尽量站稳，不要跌倒。③火灾发生时，常常秩序混乱，要避免踩踏。④发现前面有人摔倒，要立刻告诉后面的人，自己也要停下脚步。

火灾发生的原因主要有：各种明火引起火灾；电器设备由于超负荷运转或短路等原因引起可燃物质燃烧；在油渍地面堆积易燃物品；木材等易燃物放置太靠近火炉、烟道。

家长可以给孩子列举一些容易发生火灾的地点，如烟花爆竹厂、加油站等，试着让孩子说一说进入这些场所的注意事项，家长进行补充。

你还知道哪些逃生的方法呢？和小朋友们说一说吧。

被人勒索钱财怎么办

转学的第一天，妈妈送小旭到学校，离开之前问他："放学用不用妈妈来接你？"

小旭可不想让新同学认为自己是个离不开妈妈的小宝宝，于是他大声回答："不用，我自己能行！"

小旭的同桌小声地对他说："你还是应该让妈妈来接你。"小旭觉得很奇怪，但没放在心上。

放学后，小旭背着书包独自走在回家的路上。刚走出没多远，几个个子比他高很多的男生就拦住了他的去路："嗨！把兜里的钱拿出来！"

这时候，小旭应该怎么办呢？

TIPS

如果你被不良少年勒索，你该如何应对？

强行向他人索要财物是违法行为，不仅危害他人的财产和生命安全，还会给被勒索人造成心理创伤。

被别人勒索钱财时怎么办？

①如果对方是一个人，又没有凶器，可以想办法分散他的注意力。例如：假装看见熟人打招呼，或喊一声“警察来了”，然后迅速跑掉。②如果对方是多人，或带凶器，则要慎重采取对策，不要随便逃离，更不要硬碰硬，可将随身携带的财物交给抢劫者。③周围有行人时，可及时呼救，并迅速跑向人群或到附近单位躲避。④及时将事情告诉老师和家长，请成人采取相应的安全措施。

如何保护自己的人身、财产安全？

①不携带贵重物品和过多现金外出，不在公共场所显露钱物。②不随便和外人谈论自己的家庭情况。③和同学结伴回家，不到行人稀少、偏僻的地方，避免深夜滞留在外或晚归。④一人行走时，不显露出胆怯的神情。

遇到这种情况，你会怎么做呢？

RESCUE

腿抽筋了怎么办

小海酷爱游泳，总是缠着妈妈带他去游泳馆。妈妈忙的时候就会对他说："我们上个星期不是刚去过，你也太喜欢游泳啦！"小海顽皮地撒着娇说："谁让你和爸爸给我起名叫小海呢，这就注定了我爱游泳！"

近期一连三个星期，爸爸妈妈都没能带小海去游泳馆。第四个星期，妈妈终于有时间了。兴奋的小海换好泳衣后，迫不及待地跳进水里游起来。忽然，小海的小腿抽搐着剧痛起来！"不好，腿抽筋啦！"小海意识到问题的严重性。

这可怎么办呢？

TIPS

游泳是一项有益于身心健康的运动，不过游泳时可能遇到腿抽筋的情况，需要正确处理。

肌肉痉挛俗称抽筋，是指肌肉突然不由自主地发生强直性收缩，造成肌肉僵硬、疼痛难忍，常持续几秒钟到数十秒钟。寒冷刺激、电解质丢失过多、肌肉连续过快收缩、过度疲劳等因素，容易造成抽筋。

游泳时腿抽筋了怎么办？

①保持身体在水中平衡，否则可能会呛水，导致抽筋症状加剧。②向相反方向拉牵肌肉。如果小腿痉挛，可先吸足一口气，仰卧在水面上，用同侧手掌按住膝盖，帮助将腿伸直。③自己处理不了，应及时大声呼救。

如何预防抽筋？

①加强体育锻炼，以提高身体的耐寒力和持久力。②下水前要做热身运动，然后用冷水浇身，使身体适应冷水的刺激。③大量出汗后，要及时补充淡盐水。④水温太低时，游泳时间不宜过长。

如果你遇到腿抽筋的情况，会如何做呢？

家里进小偷怎么办

“我家隔壁单元一户人家昨天被偷了！”课间活动时，豆豆对兵兵说。

“如果让我碰见小偷，我一定亲手抓住他！”兵兵握紧拳头说。

“可你现在只是个小学生！”同桌莉莉不信任地说。

兵兵不服气，一直到放学，还在想着莉莉的话。走到家门口时，兵兵发现自家的门是虚掩着的。这个时间，爸爸妈妈还没下班呀！兵兵又仔细地看了看，门锁有明显的被撬过的痕迹，屋里还有人轻轻走动的声音。

如果你是兵兵，此时该如何应对呢？

TIPS

如果发现家中有小偷，是保持冷静去报警，还是与小偷拼命搏斗呢？

发现家中有小偷时，不要打草惊蛇，要记住可疑人的外貌特征。如果门口发现可疑车辆，要把车型和车牌号记下来，以便给警察提供线索，快速侦破案件。

发现家中有小偷时，应该如何应对？

①要学会保护自己，不要大喊大叫，更不能冲进屋去抓小偷。②赶快给父母打电话或拨打110报警电话。③向小区物业人员或周围邻居寻求帮助。④找一个离家近的地方躲起来，并暗中观察小偷的动向。

家长要告诫孩子不要将钱或贵重物品随意放在外衣兜里，避免去人多的地方与陌生人搭讪或发生触碰，外出时要关好门窗，发现门口有不明标记要及时擦掉。

小明放学回到家，发现家里进小偷了，你能说说小明应该怎么办吗？

RESCUE

被爆竹炸伤怎么办

爷爷说他们小时候总盼着过年，因为只有在过年的时候才有新衣服穿，才有饺子吃。这些都不是小伟盼着过年的原因，饺子可以天天吃，新衣服也有好多，他盼望过年的原因只有一个，那就是能燃放爆竹！

妈妈说："现在制造的爆竹，威力都太大了，只能爸爸放，你在旁边看。"

小伟失望极了，他趁爸爸正在为燃放爆竹做准备，偷偷地拿了一个去放，不料竟然炸伤了手！

你知道被爆竹炸伤时该怎么办吗？

TIPS

逢年过节,我国有燃放烟花爆竹的习俗。燃放烟花爆竹很危险,如果被炸伤了,该怎么办呢?

烟花爆竹是易燃易爆物品,以火药为主要原料制成,引燃后通过燃烧或爆炸,产生光、声、色等效果。

被烟花爆竹炸伤了该怎么办?

①出血较少且伤势较轻时,可清洗伤口后敷创可贴,保持伤口干净。②如果炸伤部位出血量大,应用止血带或有弹性的布条绑住出血部位的上方,抬高患肢,及时就医。③如果炸伤部位是眼睛,不要用水冲洗或揉眼睛,要用干净的纱布遮住受伤的眼睛,立即就医。

孩子要在家长的看护下燃放烟花爆竹。燃放时不要靠太近,碰到哑炮不要凑近观看,必要时戴上防护眼镜;观看烟花爆竹时,要保持 5 米以上的安全距离。此外,燃放烟花爆竹会造成空气污染,破坏环境。我们应该尽量选择文明、健康、环保的庆祝方式。

下图中哪位小朋友的做法是正确的？

RESCUE

电梯发生故障怎么办

"妍妍，你怎么闷闷不乐的？"妈妈一边问，一边往妍妍碗里夹了一块她最爱吃的红烧肉。

这时，电话铃声响起，爸爸对妍妍说："玲玲让你一会儿去她家玩儿。"一听这话，妍妍顿时来了精神。

玲玲是妍妍的好朋友，她们住在同一栋大楼里。今天下午，她们发生了矛盾，放学时，玲玲都没理妍妍，就自己先走了。不过现在看来，玲玲已经和妍妍和好了。

吃完饭，妍妍高兴地走进电梯，可是电梯运行了一半忽然停住不动了！

此时妍妍应该怎么做呢？

TIPS

乘坐电梯时应该注意哪些问题？如果电梯发生故障，我们该如何应对？

乘坐电动扶梯时，要看清台阶，站稳，扶住扶手，不要倚靠护板；不要在扶梯上打闹，以免滚落受伤。乘坐垂直电梯时，先观察电梯门是否正常打开，若出现卡顿，应该小心；门开后，确认电梯已来到本层停稳，以免出现故障，一脚踩空；不要倚靠电梯门，以免开门时摔倒。

电梯发生故障时，应该如何应对呢？

①不乱喊乱叫，要保持体力。②按下所有楼层的按键，按下电梯里的报警按钮，等工作人员营救。③如果电梯外面有人经过，可大声呼喊，以引起他人注意。④不要强行扒门或试图从轿顶天花板爬出。

乘坐电梯的基本礼仪：先让电梯里的人出来，然后进入；不要在电梯里大声喧哗、打闹、推挤、丢垃圾等；不要随意按电梯按钮，以免影响电梯的正常运行。

阳阳被困在电梯里了，请你说说她应该怎么办。

陌生人接你回家怎么办

“珍珍，你还等奶奶来接呀！”“就是呀，你都这么大了，还用家长接！”淘淘和乐乐总是拿这事跟珍珍开玩笑。

“你们两个男生为什么总是欺负珍珍？珍珍最近住在奶奶家，路太远了。”关键时刻，莉莉帮珍珍解围道，“我陪你等奶奶吧。”

“不用了，我一个人能行。”

这时，一位珍珍从来没见过的叔叔走过来说：“珍珍，我是你爸爸的朋友，你奶奶有事来不了，你爸爸托我来接你。”

珍珍有些犹豫，她该不该跟这位陌生的叔叔走呢？

TIPS

放学的时候，如果来接你的是陌生人，你会怎么做呢？

遇到陌生人接你回家怎么办？

①不要轻易相信陌生人，就算他能说出你或你父母的名字，也不要跟他走。②请老师帮忙打电话，和父母确认陌生人的身份。③如果陌生人非要拽着你走，说明他一定是坏人，此时应该大声呼救，引起周围人的注意。

和父母一起面对陌生人时，要有礼貌地问候与交流，要婉言谢绝陌生人赠予的礼物。请牢记一点：父母对待陌生人的态度就是我们的态度。

家长要让孩子记住，独自面对陌生人时一定要提高警惕，避免上当受骗；独自面对陌生人时，要选在公开场合交流；不要和陌生人走；不要随便接受陌生人的物品；谨慎应对陌生人的求助；情况不妙时要大声呼救。

下图中小朋友的做法正确吗？如果是你，你会怎么做呢？

大孩子欺负自己怎么办

妈妈给芳芳买了一个漂亮的皮球，芳芳和小伙伴们约好在小区的广场上一起玩儿。芳芳还换上了新买的运动服，因为莉莉很想看看。果然，莉莉也觉得芳芳的运动服很漂亮，几个小伙伴夸赞了芳芳的运动服后，就开始玩球了。

她们正玩得高兴时，几个大孩子走过来，很不客气地说："这球看起来不错，借我们玩玩吧！"说着就抢走了皮球。一个大孩子还把芳芳推倒在地，新买的运动服也弄脏了。

芳芳和小伙伴们应该怎样做呢？

TIPS

如果你被大孩子欺负了,应该怎样保护自己呢?

欺负是儿童间,尤其是中小学生之间经常发生的一种特殊类型的攻击行为,表现为力量较强的一方以大欺小、以强凌弱、以众欺寡。这既关系到个人身心健康,也关系到社会治安。

被人欺负时如何保护自己?

①不要害怕,可以先和对方讲道理。②如果道理讲不通,可以暂时妥协,记住他们的长相,回去告诉家长或老师。③即使很生气也不要打架,打架斗殴是违法行为,不但不能解决问题,还可能伤害到自己或他人。

家长要引导孩子树立正确的法治观、道德观,提高他们辨别是非对错的能力,学会如何与人友好交往。

你要向下图中的哪位小朋友学习？为什么？

RESCUE

遭遇绑架怎么办

“亮亮，你认真一点呀！”正和亮亮打羽毛球的恒恒大声喊着，可亮亮还是提不起精神。

“你这是怎么了？看起来怪怪的。有什么事情就说出来，我们是铁哥们儿！”恒恒一边说，一边把手搭在了亮亮的肩头。

“不知道怎么回事，最近我总觉得有人跟踪我似的，也可能是我想多了。”

和恒恒分手后，亮亮独自走在回家的路上，忽然从背后开过来一辆面包车，车上跳下两个彪形大汉，强行把亮亮拽上了车！

危急时刻，亮亮该怎么办呢？

TIPS

电视上经常看到小朋友被坏人绑架的片段，现实生活中也会发生这样的事件，如果遇到这样的情况，应该怎么做呢？

绑架罪是指以勒索财物或者扣押人质为目的，使用暴力、胁迫等方法绑架他人的行为。

遭遇坏人绑架怎么办？

①大声呼救，往人多的地方跑，不要进死胡同。②趁机丢掉一些东西，作为父母或警察寻找的线索。③万一被抓上车，不要大哭大闹，以免激怒坏人，使自己受到伤害。④留意坏人的相貌特征、车牌号码等，尽量配合坏人的提问，把自己受到的伤害降到最低。⑤寻找机会逃跑。逃不掉时，不要与坏人正面抵抗，保持体力，等待救援。

家长要提醒孩子与可疑陌生人保持距离。陌生人问路时，不可上车带路。如感觉被跟踪，应及时告诉父母或老师。

齐齐被绑架了，请你说说下面的做法，哪个是正确的，哪个是错误的。